地球奥秘

主编　刘少宸

吉林科学技术出版社

图书在版编目（CIP）数据

地球奥秘 / 刘少宸主编. -- 长春 : 吉林科学技术出版社, 2019.12
ISBN 978-7-5578-6048-6

Ⅰ. ①地… Ⅱ. ①刘… Ⅲ. ①地球—儿童读物 Ⅳ. ①P183-49

中国版本图书馆CIP数据核字(2019)第225935号

地球奥秘

DIQIU AOMI

主　　编　刘少宸
出 版 人　李　梁
责任编辑　朱　萌　丁　硕
封面设计　长春美印图文设计有限公司
制　　版　长春美印图文设计有限公司
幅面尺寸　227 mm × 212 mm
字　　数　65千字
印　　张　5
印　　数　1-8 000册
版　　次　2019年12月第1版
印　　次　2019年12月第1次印刷

出　　版　吉林科学技术出版社
发　　行　吉林科学技术出版社
地　　址　长春市净月区福祉大路5788号
邮　　编　130118
发行部电话/传真　0431-81629529　81629530　81629531
　　　　　　　　　81629532　81629533　81629534
储运部电话　0431-86059116
编辑部电话　0431-81629518
印　　刷　吉广控股有限公司

书　　号　ISBN 978-7-5578-6048-6
定　　价　28.00元

前言 | FOREWORD

地球是太阳系八大行星之一，也是目前宇宙中已知存在生命的唯一的天体，是包括人类在内上百万种生物的家园。

小朋友，你知道地球来自哪里吗？你知道人类的进化之路吗？你知道寒武纪距今多少亿年吗？让我们一起翻开这本生动有趣、通俗易懂的书，去找寻关于地球的奥秘吧。

另外，编辑为本书中的疑难字词加注了拼音，让孩子不用翻查字典就能流畅阅读，可以独自享受在知识的海洋中徜徉的乐趣。

“聪明孩子的百科全书”系列图书共8册，分别是《地球奥秘》《宇宙探索》《自然现象》《动物乐园》《恐龙公园》《武器世界》《海洋奇观》《未解之谜》。让我们一起来阅读吧！

目录 CONTENTS

第一章　揭开地球诞生的秘密 / 6

第二章　地球生命的初始 / 26

第三章 走进多姿多彩的显生宙 / 40

/ 第 / 一 / 章 /

揭开地球诞生的秘密

地球来自哪里

地球究竟诞生于何时，地球是怎样诞生的，这一直是人类想要解开的谜。20 世纪 70 年代，科学家们根据对陨 [yǔn] 石、地球岩石及月岩年龄的测定，推测地球大约形成于 45.4 亿～ 46 亿年。

那么，地球是如何“横空出世”的呢？宇宙大爆炸假说认为，最初的宇宙像一个大火球（原始火球），它集中了各种中子、质子、电子等基本粒子，由于各种粒子的相互作用，在某一时刻突然爆炸，随着外界温度的变化，星云进一步形成，地球便是在这样的环境中逐渐产生的。

最初的大气和海洋

地球形成之初，小行星的撞击活动并未停止，而且颇为频繁，再加上地球内部的高温，使地球在形成之初火山活动十分剧烈。原本存在于地球内部的易挥发气态物质不断释放到地表，形成地球的原生大气层。原生大气层主要成分与现今的截然不同，其大部分为水蒸气、甲烷[wán]、氨气、二氧化碳、氢气等。因为没有生命赖以生存的氧气，所以那时的地球是一片不毛之地。

初生的地球，在继续旋转和凝聚的过程中，由于本身的凝聚收缩和内部放射性物质（如铀、钍等）的蜕变生热，温度不断增高，其内部甚至达到炽 [chì] 热的程度，于是重物质就沉向内部，形成地核和地幔 [màn]，较轻的物质则分布在表面，形成地壳。初始形成的地壳较薄，而地球内部温度又很高，因此火山爆发频繁，从火山喷出的气体，构成地球的原始大气。水是原始大气的主要成分，初生地球的地表温度高于水的沸点，所以当时的水都以水蒸气的形态存在于原始大气之中。以后地球内部温度逐渐降低，地面温度终于降到水的沸点以下，原始大气中的水蒸气遇冷凝结，于是倾盆大雨从天而降，降落到地球表面低凹的地方，就形成了江河、湖泊和海洋。科学家称那时的海洋为原始海洋。原始海洋盐分较低，而有机物质却非常丰富。

地球的卫星——月球

月球是地球的唯一天然卫星，也是离地球最近的天体。月球的内部结构分成壳、幔、核三部分。月球表面和地球一样也存在山脉，只是与地球相比，它的表面更显得坑坑洼洼的，因为月球上大多数的月坑环绕着环形山。

月球与地球的平均距离为381470千米，自转与公转周期平均为27.32个地球日。月球的公转周期与自转周期相同，所以地球上的人们只能看到月球朝向地球的一半。

月球对地球有哪些影响呢？人类通过研究发现：地球上的潮汐，地球的转速和气象，甚至是人类的情绪都会受到月球的影响。

地下之火

火山是地下深处炽热无比的岩浆及气体、碎屑等物质从地壳中喷出而形成的具有特殊形态和机构的地质体。火山活动是地球内部运动及能量释放的一种自然现象。

火山喷出物在通道口堆积形成的锥形山丘称为火山锥。火山锥顶部呈漏斗状的洼地就是火山的喷口，也称火山口。岩浆从地下喷出地表的通道称为火山通道。

火山喷发按岩浆的通道分为两大类。一类是裂隙式喷发，又称冰岛型火山喷发。喷发时岩浆沿地壳中的断裂带溢出地表，喷发温和宁静，喷出的岩浆为黏性小的基性玄武岩浆，碎屑和气体较少。另一类是中心式喷发。喷发时岩浆沿火山通道喷出地面，通道在平面上呈点状，多形成火山锥。

板块构造

板块构造说认为，地球的岩石圈可以分为大大小小的若干刚性板块。这些板块位于塑性软流圈之上，并在地球表面发生大规模水平转动；相邻板块之间或相互离散，或相互会聚，或相互平移，引起地震、火山和构造运动。

板块运动是一板块对另一板块的相对运动，其运动方式是绕一个极点发生转动，其运动轨迹为小圆。软流圈是地震横波波速降低、导电率显著升高的上地幔中的低速层，其物质可能较热、软、轻，具有一定的塑性，是上覆岩石圈板块发生水平方向上大规模运动的前提。板块运动的驱动力一般认为来自地球内部，最可能是地幔中的物质对流。

探秘地球历史的方法

我们人类自己的历史，可以根据古迹或史书等材料来找寻。那么我们赖以生存的地球的历史，可以通过哪些材料寻找呢？化石是人类最常用的材料。人类通过化石，能够判断出地球上的生命在亿万年间是如何演化的，也能推测出某些物种是如何灭绝的。人类还可以通过岩石和陨石，来判断地球的年龄及有关的地质活动等内容。

地质年代

地球上的岩层是由下往上沉积而成的，再考虑到地壳变动的因素，便可判断地层形成的先后顺序。利用地层中的化石，也可以分析地层的上下关系。

地质学家根据地层里古老生物的化石特点，将地质年代划分为不同时期，分别为太古宙、元古宙、显生宙。太古宙和元古宙占有地球历史的绝大部分时期，虽然时间久远留下的化石却非常稀少。显生宙，即地球上已经有显著的生物存在。

宙的下面划分为“代”，其中显生宙可划分为古生代、中生代和新生代。古生代、中生代和新生代三代下面又分为“纪”。古生代分为寒武纪、奥陶纪、志留纪、泥盆纪、石炭纪和二叠纪，中生代分为三叠纪、侏罗纪、白垩 [è] 纪，新生代分为第三纪、第四纪，我们生活在第四纪。

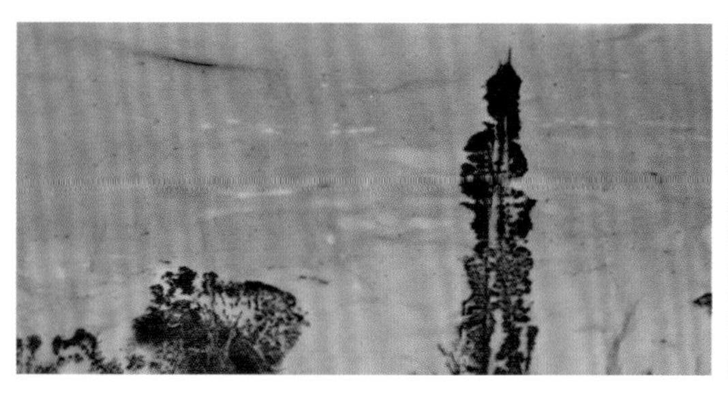

中国区域地质年代表及生物演化简表

<table>
<tr><th>宙</th><th>代</th><th colspan="2">纪</th><th>距今年龄值（百万年）</th><th>生物演化</th></tr>
<tr><td rowspan="12">显生宙</td><td rowspan="3">新生代</td><td colspan="2">第四纪</td><td>2.6</td><td>人类进化发展</td></tr>
<tr><td rowspan="2">第三纪</td><td>新近纪</td><td>23.3</td><td rowspan="2">哺乳动物和被子植物繁盛</td></tr>
<tr><td>古近纪</td><td>65</td></tr>
<tr><td rowspan="3">中生代</td><td colspan="2">白垩纪</td><td>137</td><td rowspan="3">爬行类恐龙时代
裸子植物繁盛</td></tr>
<tr><td colspan="2">侏罗纪</td><td>205</td></tr>
<tr><td colspan="2">三叠纪</td><td>250</td></tr>
<tr><td rowspan="6">古生代</td><td colspan="2">二叠纪</td><td>295</td><td rowspan="2">两栖类时代　蕨类植物茂盛</td></tr>
<tr><td colspan="2">石炭纪</td><td>354</td></tr>
<tr><td colspan="2">泥盆纪</td><td>410</td><td>鱼类时代</td></tr>
<tr><td colspan="2">志留纪</td><td>438</td><td>裸蕨植物出现</td></tr>
<tr><td colspan="2">奥陶纪</td><td>490</td><td rowspan="2">海生无脊椎动物繁盛</td></tr>
<tr><td colspan="2">寒武纪</td><td>543</td></tr>
<tr><td rowspan="3">元古宙</td><td rowspan="3">新元古代</td><td colspan="2">震旦纪</td><td>680</td><td rowspan="3">真核细胞生物，最晚期
出现软躯体的后生动物</td></tr>
<tr><td colspan="2">南华纪</td><td>800</td></tr>
<tr><td colspan="2">青白口纪</td><td></td></tr>
</table>

续表

宙	代	纪	距今年龄值（百万年）	生物演化
元古宙	中元古代	蓟县纪	1000	
		长城纪	1400	
	古元古代	滹沱纪	1800	原核细胞生物
			2300	
太古宙	新太古代		2500	
	中太古代		2800	
	古太古代		3200	
	始太古代		3600	

/ 第 / 二 / 章 /

地球生命的初始

太古宙

太古宙是古老的地质时期，自下而上可分为始太古代（大于36亿年前）、古太古代（36亿～32亿年前）、中太古代（32亿～28亿年前）和新太古时代（28亿～25亿年前）。据推测，这一时期地球表面大部分被海洋所覆盖，火山活动频繁。原始大气中的二氧化碳随着沉淀被固定在其沉积物中，含量渐渐减少，这一时期的氧气也非常缺乏。这一时期是重要的成矿时期，一些重要的矿藏就是在这一时期形成的，如镍、金、铜、铁等矿产。

太古宙时期是原始生命出现及生物演化的初级阶段。从这一时期保留下来的极少的化石来看，此时的生物还只是原核生物，如细菌和低等的蓝绿藻。

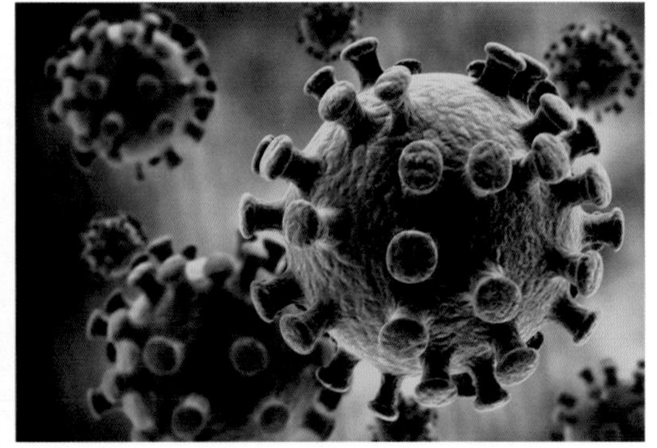

化石里的生命

1983年，古生物学家在澳大利亚西部皮尔巴拉的瓦拉乌纳岩层内，发现了一些呈丝状和放射状的细菌化石。经过研究发现，这些毫不起眼的小颗粒竟然有35亿年的历史。科学家们还在南非发现了一种球状和杆状结构的细菌化石，据研究，其“年龄”至少有33亿年。

科学家们认为，地球上最早的生命是单细胞生物体，被称作原核生物，细菌就是这种生命的代表。这些菌类能在高温、高压、黑暗的条件下存活，它们以海水中溶解的有机物为养料。还有一些有机体则完全靠“吃”矿物质（无机物）生长，如硫细菌、铁细菌。

据推测，大约经历了20亿年的时间，地球上才出现了真核生物。

蓝绿藻

距今约35亿～33亿年前，海洋中出现了一种能进行光合作用的原核生物——蓝绿藻（又称蓝藻）。蓝绿藻的直径一般为3～10微米，大的可达到六七十微米，人的肉眼是不可能看清楚蓝绿藻的。蓝绿藻在细胞结构上与细菌类似，但它却可以和高等植物一样进行光合作用。

光合作用释放出氧气，从而使大气中的氧气含量增加。氧气的增加，一方面使生物的有氧呼吸成为可能，另一方面使大气层在6亿年前出现臭氧成为可能。而臭氧层可以有效地吸收紫外线，对地面生物起到保护作用，同时也阻挡了绝大部分来自宇宙空间的紫外线，这些都为后来生物的进一步演化奠定了基础。

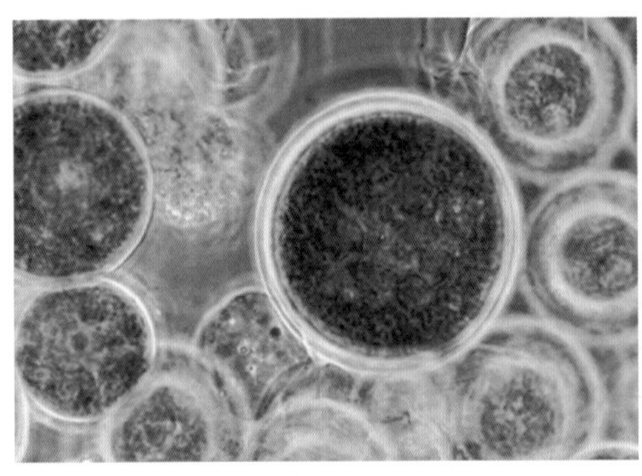

元古宙

元古宙约开始于25亿年前，结束于5.43亿年前。“元古”有“原始生命形态”之意。在元古宙时期，单细胞生物演变成的多细胞生物开始出现。

地球上最早的生命都是单细胞生物（如菌类、藻类）。在漫长的岁月中，这种单细胞生物遍布海洋，孤独地生活了大约20亿年。这时的地球空旷、寂寞，空气是有毒的，根本无法呼吸。大气中没有氧气，也没有保护生命的臭氧层，强烈的紫外线没有臭氧层的阻挡，只要1个小时就可以杀死绝大多数生命。

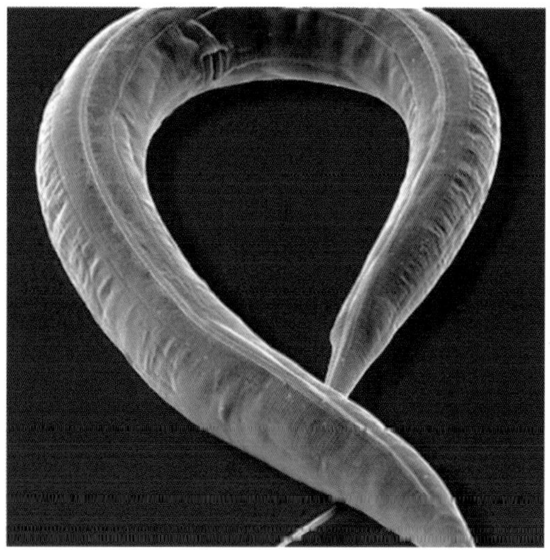

大约7亿年前，就像今天的植物一样，单细胞生物靠光合作用吸收二氧化碳，放出氧气。这种只能在显微镜下才能看清的小生命，用了漫长的时间，让地球大气中有了足够生命活动的氧气。这样，最早的地球生命就从简单的单细胞生物进化成更复杂得多细胞生物。这是生命的重大突破。

虽然这一时期的化石很罕见，但人类还是幸运地发现了伊迪卡拉动物群化石，由此可以对当时的地球生物形态有较为初步的了解。

除此之外，元古宙是一个重要成矿时期，重要矿产有铁、金、铀、镍、铜、锰、硼、磷等。

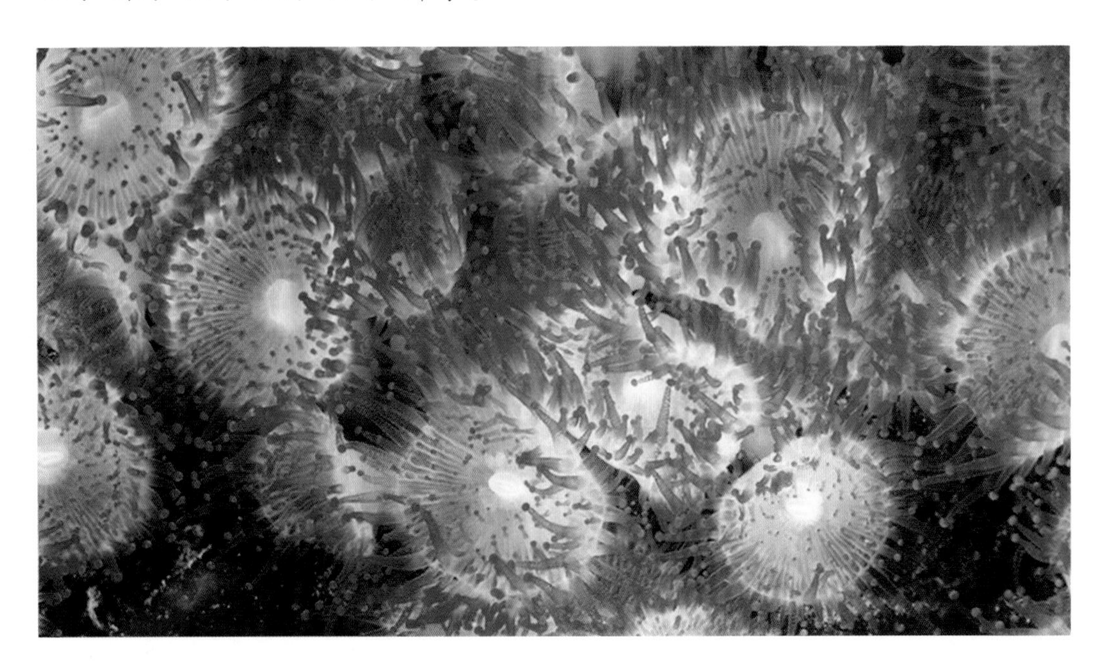

古生物学家斯普里格在澳大利亚的伊迪卡拉地区发现了距今约6亿年前的古生物化石。这些生物化石后来被命名为“伊迪卡拉动物群”。伊迪卡拉动物与今天的动物大不相同，它们长得像“天外来客”一样奇怪，大多又扁又平。有的像管子，有的像帆船，有的像肉饼，有的像个站立的带柄树叶。伊迪卡拉动物一般只有几厘米大小，最大的可达1米。

伊迪卡拉动物门类繁多，包括刺胞动物、环节动物、节肢动物等。它们的结构复杂，生活方式也多种多样。伊迪卡拉动物群化石在世界各地广泛分布，这表明当时该生物群是海洋中的真正统治者。

/ 第 / 三 / 章 /

走进多姿多彩的显生宙

寒武纪

寒武纪约开始于5.43亿年前，结束于4.9亿年前。在地质年代划分中属于显生宙古生代的第一纪。寒武纪之前几十亿年的古老地层中，人类一直难以找到动物的化石。人类通过很多化石发现，在寒武纪的几千万年的时间里，几乎现在所有的生物种类都可以找到自己的祖先，而且在后来的历史中已经灭绝的生物也能在这一时期找到！这种几乎是同时地、突然地出现在寒武纪地层中的门类众多的动物化石现象，被古生物学家称作“寒武纪生命大爆发”。

寒武纪生命大爆发的典型化石证据包括：我国贵州省的凯里动物群、云南省的澄 [chéng] 江动物群和加拿大不列颠哥伦比亚省的布尔吉斯动物群。

寒武纪气候比较温暖、干燥。地壳运动比较稳定。重要矿产有磷和铀，此外还有钒、钨、铅、锌、金、银、汞、石煤、岩盐等。

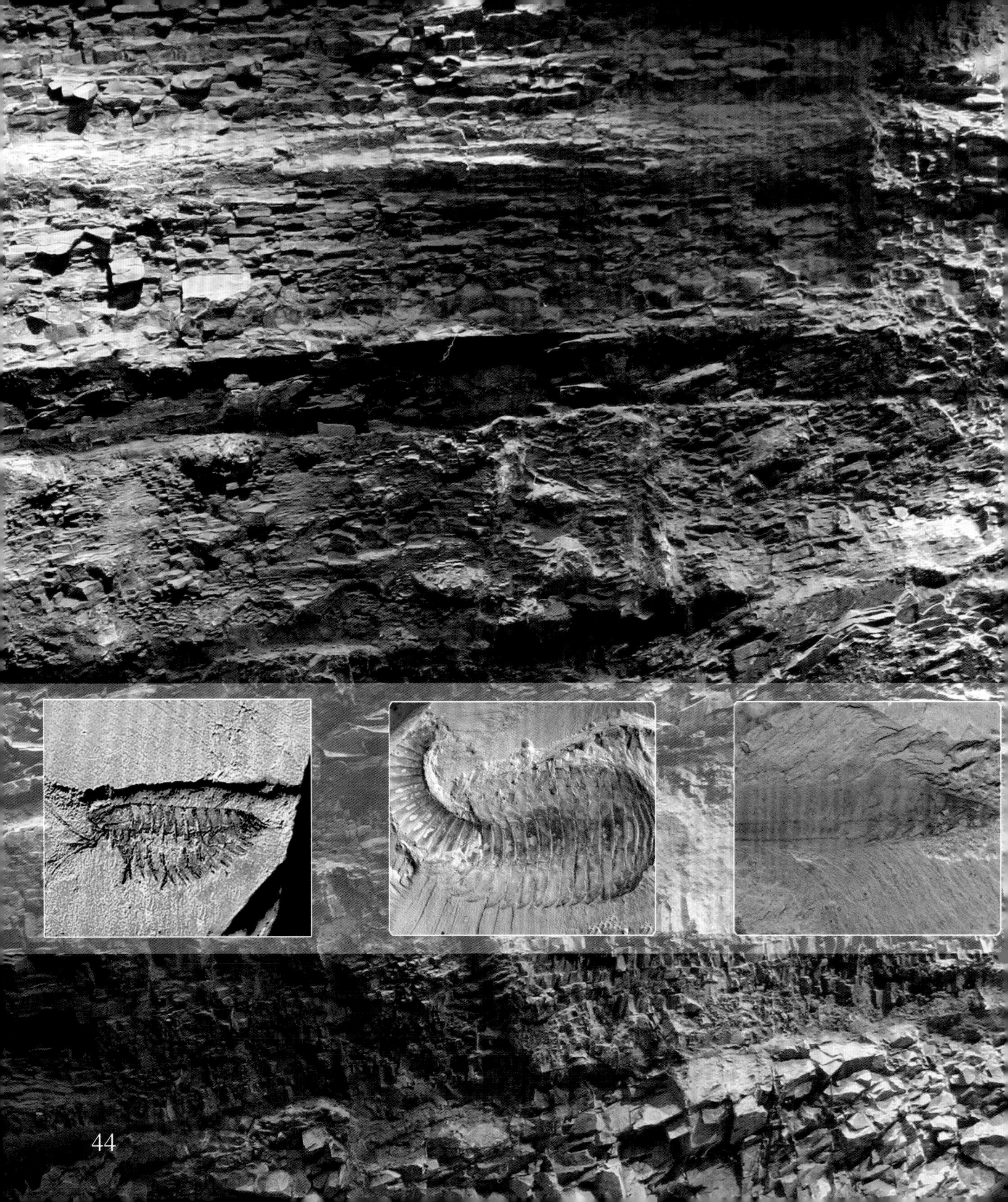

澄江动物群

澄江动物群距今约5.4亿年前，正处于“寒武纪生命大爆发”时期。它的发现表明，当时的云南东部是一片汪洋大海。澄江动物群的发现具有重要意义，将动物多样性的历史向前推到寒武纪早期。澄江动物群以多门类海生软躯体和保存有软体部分的古无脊椎动物化石为代表，其中80%都是一些未知的新种类，还有20多种痕迹化石和粪便化石。几乎现在动物的所有门类，都能在澄江动物群化石里找到它们的远祖代表。这里有昆虫的远祖抚仙湖虫，寒武纪海洋巨无霸奇虾、神奇的腔肠动物栉水母，和曾在国际权威学术刊物《自然》封面上露脸的“化石明星”——微网虫，还有地球上最早的脊索动物——云南虫。

凯里动物群与布尔吉斯页岩动物群

凯里动物群位于我国贵州省黔东南苗族侗族自治州凯里市，时代为中寒武世早期，该动物群年代居于澄江动物群和布尔吉斯页岩动物群之间。

凯里动物群包括11大门类、120多属种的动物。三叶虫、娜罗虫、古蝠虫、奥托也虫、微网虫、奇虾等都在此生活过，而贵州轮盘水母则是世界上独有的软躯体动物。

布尔吉斯页岩动物群位于加拿大落基山脉的布尔吉斯山，距今约 5.15 亿年，包括119属140种动物。其中节肢动物是优势种群，另外还有海绵、蠕虫、腕足、棘皮甚至脊索动物等。这些动物向人们展示了寒武纪时期丰富多样的海洋生物面貌，是寒武纪生命大爆发的重要证据。

奥陶纪

奥陶纪是显生宙古生代第二个纪，约开始于4.9亿年前，结束于4.38亿年前。奥陶纪是地壳的发展历史上大陆地区遭受广泛海侵的时代，是火山活动和地壳运动比较剧烈的时代，也是生态分异更为显著的时代。

在奥陶纪的早期和中期，地球上的气候温暖、海侵广泛，但在奥陶纪晚期南大陆的西部却发生了大规模的大陆冰盖和冰海沉积，那时候的气候如极地般寒冷，也因为大冰期的存在，全球海平面下降，引起了广泛的海退。

奥陶纪主要矿产有铁、锰、磷、石油、油页岩和石膏。

鹦鹉螺

鹦鹉螺是现存最古老、最低等的头足类动物，它们在地球上经历了数亿年的发展，至今在印度洋和太平洋中仍然存在，被称为海洋中的“活化石”。

鹦鹉螺在奥陶纪进入繁盛时期，形状多种多样，多为直形、弓形、环形或旋卷形，也有少部分为锥形或螺旋形。鹦鹉螺是当时海洋中凶猛的肉食性动物。

鹦鹉螺从志留纪、泥盆纪时期开始衰落。在三叠纪末期，直壳类绝灭，旋卷类也变少。目前人类所见的鹦鹉螺只是几亿年前繁盛的鹦鹉螺大家族里的一个属，它们一般生活在深海中。

苔藓虫

苔藓虫是一种软体动物，长得很像软珊瑚。虫体前端有口，口的周围有一冠状物，称为“总担”，上面长着许多触手。苔藓虫演化很快，属种繁多。有枝状的尼可逊苔藓虫、攀苔藓虫、围块状的古神苔藓虫和薄层状的变隐苔藓虫等。苔藓虫是附着在其他物体上生活的群体动物，在淡水和海水里都有它们的身影。它们有的附着在湖边的石头上，有的附着在水底的石头上，有的附着在植物的枝叶上，有的附着在浅海的岩礁上。

苔藓虫这种在奥陶纪早期出现的动物，至今仍然存在，可见其生命力之强。

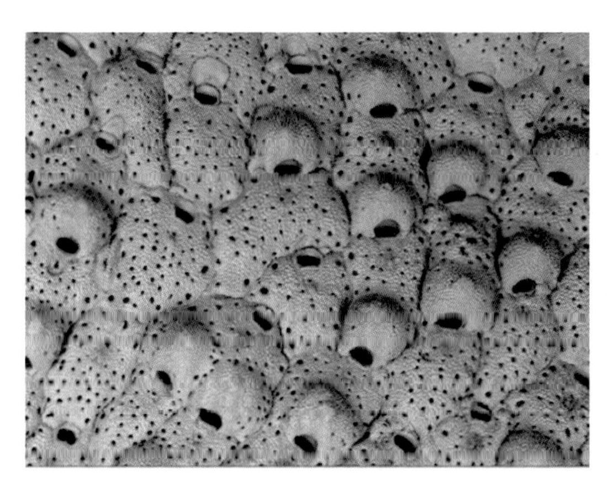

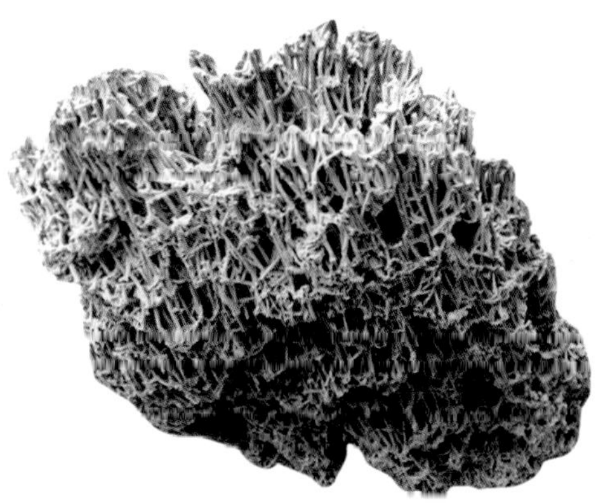

第一次生物大灭绝

在奥陶纪末期，生物出现了一次大灭绝。科学家一直试图揭开这次大灭绝的真正原因。澳大利亚古生物学家研究认为，奥陶纪末期，冈瓦纳大陆进入南极地区，影响全球环流变化，整个地球进入冰河时期。气温下降，冰川锁住了水，海平面降低，原先丰富的沿海生物圈遭到破坏。与此同时，4 亿多年前大不列颠发生的 3 次大规模的火山喷发，无疑使变冷的地球雪上加霜，杀死了大量生物。由此，奥陶纪时期迎来了地球史上第一次生物大灭绝。

在这次大灭绝中，直接导致 85% 的物种死亡，它们死后被泥沙覆盖，变成化石。亿万年的地质变化，这些化石或露出地面，或埋于地表，逐渐被人们发现。因涉及的生物种类之多、数量之大，奥陶纪的物种灭绝被列为地球 5 次大灭绝事件的第二位。

志留纪

志留纪是显生宙古生代的第三个纪，约开始于4.38亿年前，结束于4.10亿年前，在古生代和中生代共9个纪中，志留纪是最短的1个纪。奥陶纪的大冰期结束后，地球上的气候逐渐变暖，趋于稳定，志留纪就此拉开帷幕。

由于生存条件好转，生物慢慢从奥陶纪的浩劫中复兴。志留纪的生物面貌与奥陶纪相比，有了进一步的发展和变化。植物登陆成功和有颌[hé]类动物的壮大是发生在志留纪的最重要的生物演化事件。

志留纪可分早、中、晚3个世。在这三个阶段，海洋表现出“海侵—海侵顶峰—海退”的自然现象。这标志着地壳历史进入了转折时期，对地球上的生物和地质带来了不小的影响。

志留纪末期，灾难再次降临。由于地壳剧烈运动，地壳表面普遍出现了海退现象，不少海域变成陆地或高山。很多海洋生物因此遭受劫难，但一部分生物却由此向陆地进军，引发了又一轮生物进化高潮。

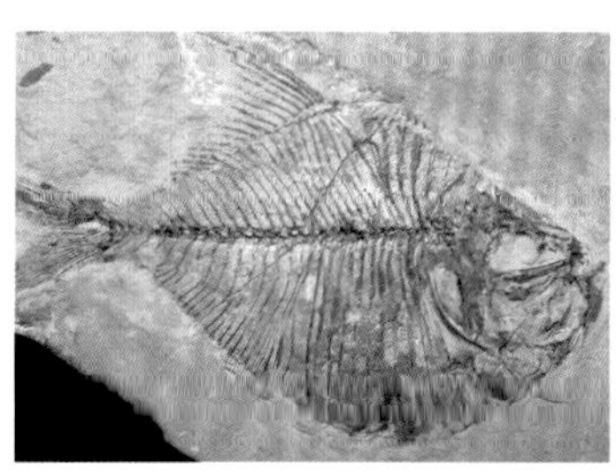

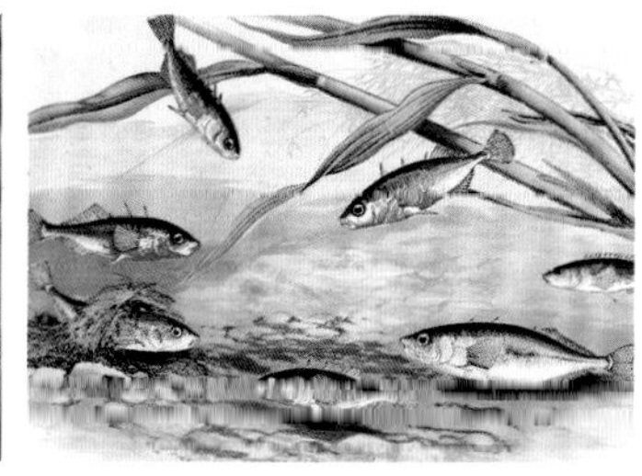

有颌脊椎动物

有颌对于脊椎动物来说，大大提高了其取食与适应的能力，增强了它们的生存竞争力。这可是脊椎动物演化史上的革命性事件，影响极为深远。

目前地球上存在的5.1万种脊椎动物中，有颌脊椎动物的种数占99.7%以上，而软骨鱼（以鲨鱼为代表）则占了不到1%。

科学家把有颌脊椎动物分成四个大的类群，即棘鱼纲、盾皮鱼纲、软骨鱼纲和硬骨鱼纲。前两个纲已全部灭绝。硬骨鱼纲分为辐鳍鱼类（亚纲）和肉鳍鱼类（亚纲）两支。辐鳍鱼类（亚纲）演化出现代许多鱼类，我们常见的鲫鱼、鲤鱼、草鱼等都是由它们演化而来；肉鳍鱼类（亚纲）则被认为是陆生脊椎动物的远祖，我们人类也是由此进化而来的。

绿色植物登陆

人类发现最早的、肉眼可识别的陆生植物化石，存在于志留纪早、中期的地层中。不过它们都非常低矮，高度只有1厘米左右。

绿色植物登陆，不仅给荒凉的地球披上了绿色的外衣，更重要的是它是大体型生物演化的前提，使后世高大植物和大型动物的出现成为可能。

石松是目前已知最早的陆生植物，具有小型叶，孢子囊附着在叶的上表面或是叶腋 [yè] 处（近轴部位）生长。石松类植物在泥盆纪变得多样化，有草本的、木本的等。石松在石炭纪和二叠纪极为繁盛，长得高大的木本类型成了早期森林的主要成员。到了中生代末期，石松类植物开始走向衰弱。如今，石松类植物只剩下了 5 个属，而且大多分布在热带和亚热带地区。

泥盆纪

泥盆纪是显生宙古生代的第四个纪，约开始于4.1亿年前，结束于3.54亿年前。泥盆纪时期许多地区高起，露出海面成为陆地。泥盆纪时期的气候也是温暖的，化石记录说明，北极地区在这一时期处于温带气候。然而在泥盆纪晚期，地球气候突然变冷，第二次物种大灭绝就发生在泥盆纪晚期。

在我国广西壮族自治区南宁市横县六景镇，有一处六景泥盆纪标准剖面，它于1956年由我国地质古生物研究专家王钰发现。该剖面沉积的古生物化石有17个门类、500多个属种，完整地记录了泥盆纪时期该地从海滨、浅海滩到深海再演变成为碳酸盐台地和珊瑚礁滩的整个地质历程。它因化石品种多，发育完整，演变过程阶段明显、清晰，出露良好等特点而闻名于世。地质考古专家认为它对科学研究、教学及国际间学术交流具有重大意义。

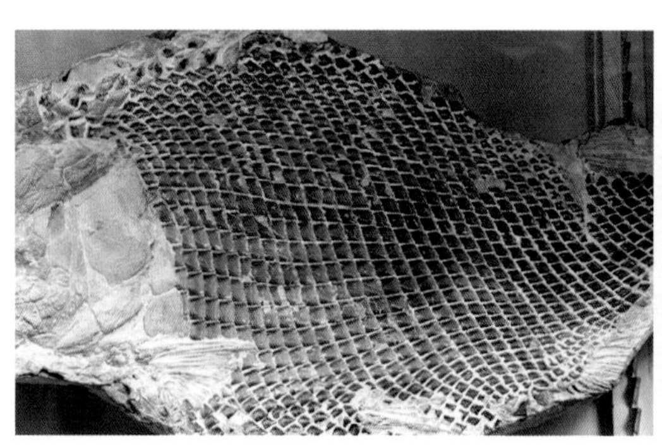

软骨硬鳞的鲟鱼

软骨硬鳞鱼类归属于辐鳍鱼类（亚纲），它有骨质脑颅，但大部分由软骨质组成。软骨硬鳞鱼出现在泥盆纪时期，在古生代晚期的二叠纪占有优势。在中生代的早期和中期，软骨硬鳞鱼类在水中的地位渐渐被全骨鱼类[辐鳍鱼类（亚纲）中的另一类]所取代。

软骨硬鳞鱼类中，目前仅存多鳍鱼目与鲟形目。多鳍鱼目仅分布在非洲，而鲟形目集中分布在北半球。

鲟鱼是世界上现有鱼类中体形大、寿命长、最古老的一种鱼类，在我国分布广泛，品种较多。然而，因为环境污染、过度捕捞、江河筑坝等原因，一些品种处于濒危状态，其中包括白鲟和中华鲟。

第二次生物大灭绝

第二次物种大灭绝发生在泥盆纪晚期至石炭纪早期之间，距今约3.6亿年。这次灭绝事件呈现两个高峰，中间间隔100万年。海洋生物遭受了重创，82%的海洋物种灭绝。

这次灭绝事件的时间范围较广，规模较大，受影响的生物门类很多。珊瑚几乎遭受了灭顶之灾，只在深海有幸存者；层孔虫差点儿全部消失；腕足动物中有三大类灭绝；无颌鱼及所有的盾皮鱼类受到严重影响；原始爬行动物也受到影响。植物方面，浮游植物的灭绝率达90%以上，陆生植物也受到重创。

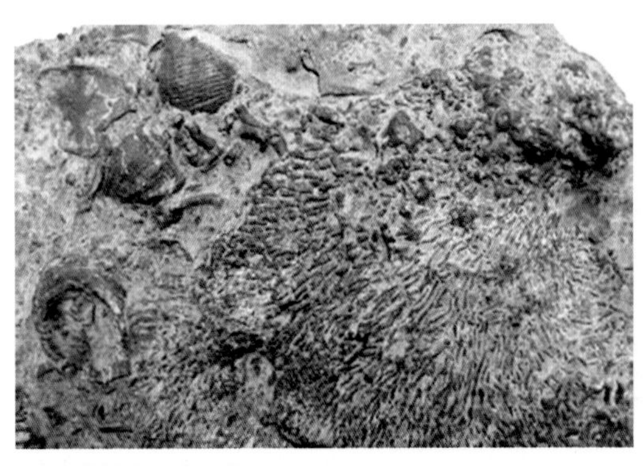

石炭纪

石炭纪是显生宙古生代的第五个纪，约开始于3.54亿年前，结束于2.95亿年前，它是植物世界大繁盛的代表时期。石炭纪的植物以石松类、有节类、真蕨类等为主。石炭纪早期，地球上的植物群比较一致，仍是一些原始的蕨类、石松等。石炭纪晚期，出现了不同气候条件下的各种不同的植物群。石炭纪时，地球上首次出现大规模的森林，不仅广布于滨海低地，还延伸至大陆内部。石炭纪中晚期的地壳运动留下了大量的植物遗骸——煤，因此石炭纪又称“造煤时期”。这一时期形成的地层中，煤炭的储量约占全球总储量的50%以上。

石炭纪陆生无脊椎动物也有所更新。与泥盆纪相比，蜻蜓类是石炭纪陆生无脊椎动物中的新类群；海生腕足动物虽在类群上有所减少，但因其数量多，仍占有相当重要的地位；头足类则以菊石为主，得到迅速发展。

泥盆纪晚期，气候炎热干旱，水体逐渐干涸，一些鱼类被迫用鳍在泥沼中爬行，这些动物慢慢进化成两栖动物。

两栖动物自进入石炭纪后迅速进化，并在石炭纪至二叠纪时达到极盛，因此这个时代也被称为“两栖动物时代”。

这时的两栖动物有些大型的种类可以长到4～8米，还有不少相貌奇特的种类。为了适应新环境，两栖动物“使”出了各种办法。肺可以让它们呼吸空气，减少对水的依赖。有些适应了陆地生活，有些则又回到了水中。与现在的两栖动物不同，这些早期的两栖动物为了适应环境，身上多带有能够抵抗干燥空气的鳞甲。

在古生代结束后，大多数原始两栖动物灭绝，只有少数延续了下来，而新型的两栖动物则开始登上地球舞台。

二叠纪

二叠纪是显生宙古生代最后一个纪，约开始于2.95亿年前，结束于2.5亿年前。二叠纪时期地壳运动活跃，全球范围内的许多地槽封闭并陆续形成褶皱山系。陆地面积的进一步扩大，海洋范围的缩小，自然地理环境的变化，推动了生物界的重要演化。

二叠纪早期的植物与石炭纪晚期相似，以真蕨类和种子蕨类为主。二叠纪晚期植物有较大变化，耐旱的裸子植物，松柏类、苏铁类大量增加。

脊椎动物的重要代表为两栖动物和爬行动物。爬行动物虽然出现在石炭纪，但其首次大量繁盛则发生在二叠纪。与两栖动物相比，爬行动物具有羊膜卵，这使它们摆脱了繁殖时对水的依赖。但爬行动物还不具备体温调节系统，属于变温动物。在严寒或酷暑时，需要进行冬眠或夏眠。爬行动物在中生代得到最大发展，种类繁多，形态各异，恐龙就是其中最典型的代表。

最大一次生物大灭绝

在距今约 2.5 亿年的二叠纪末期，地球上再次发生了生物大灭绝事件。

有学者认为，二叠纪末期的物种大灭绝是因为二叠纪大冰期导致的。

这次生物大灭绝使占领海洋近3亿年的古生代生物退出历史舞台，一些新生物种群——如恐龙等爬行动物——逐渐登上历史舞台。在这次物种大灭绝事件中，地球上约有96%的物种消失，其中约有90%的海洋生物和70%的陆地脊椎动物灭绝，它们大多是一些早期昆虫纲、原始爬行纲和鱼纲动物。

用尾巴游泳的中龙

中龙是最古老的水生爬行动物，它们可能是第一批从陆地重回水环境生活的陆生动物。中龙生活在石炭纪晚期和二叠纪。

中龙的上下颌像鳄鱼一样又细又长，口中长着锋牙利齿，不过它的身体比鳄鱼显得细长，它的体长可达 1.5 米。中龙身后有一条长而灵活的尾巴，主要用尾巴游泳。

溪流和水潭是中龙的家，它很少上岸，特别爱吃水里的鱼，也爱捕食一些甲壳类动物。

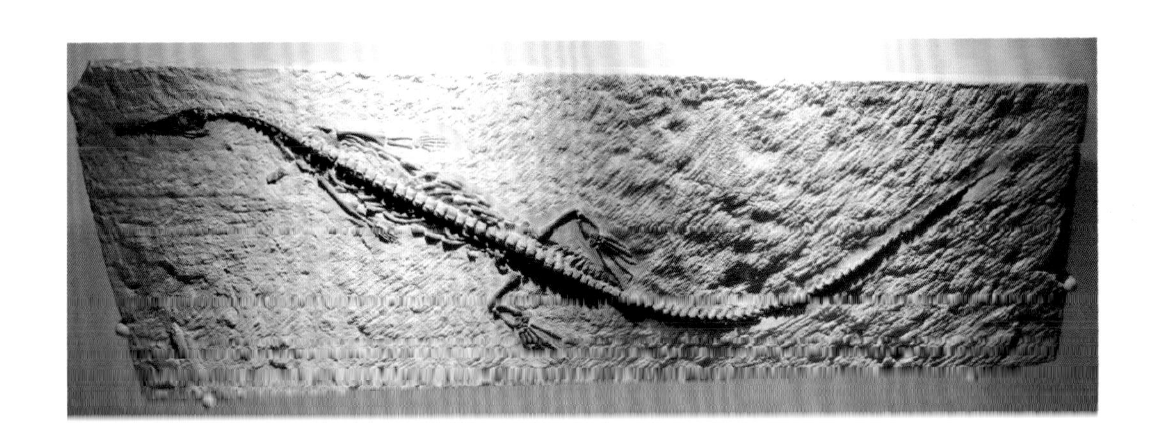

三叠纪

三叠纪是显生宙中生代的第一个纪，约开始于2.5亿年前，结束于2.05亿年前。二叠纪末期的生物大灭绝，使得三叠纪生物用了至少400万年的时间才逐渐进化为高级生物，并推动整个世界逐渐走向繁荣。

在约5000万年的漫长时间里，陆地面积扩大，山脉突起，盆地出现，随着地理环境的变化，生物的面貌也发生了改变。恐龙在这一时期发展并壮大，因此这一纪也被称为“恐龙时代的开端”。第一个会飞的脊椎动物——翼龙在天空中自在飞翔。海洋中也存在着凶猛的爬行动物，一场场激烈的生死搏斗不时上演。

植物方面，在三叠纪早期，植物面貌多为一些耐旱的类型，随着气候向温暖湿润转变，植物也越来越繁茂。

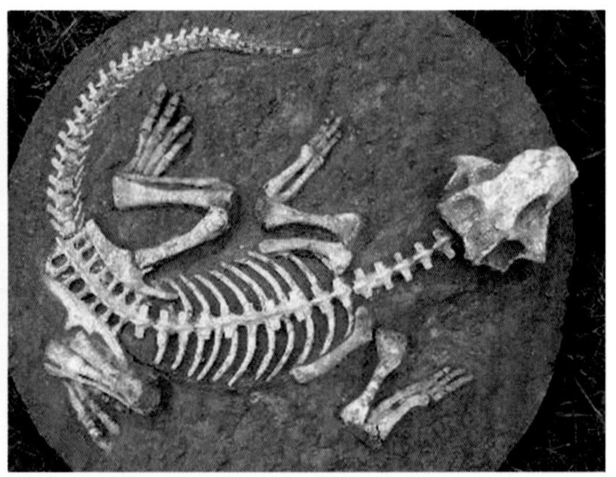

第一种会飞的脊椎动物名字叫作翼龙，希腊文的意思为“有翼的蜥蜴”，它们是飞行爬行动物的演化支。翼龙在地球上生活了大约 1.5 亿年。翼龙常飞行在湖泊、浅海的上空，在森林中也有它们的身影。

翼龙虽然长着翼，但并不能像鸟类那样自由地、长距离地在天空中飞行。它们只能在栖息地附近滑翔，有时也在水面上盘旋。

翼龙种类很多，目前已知的有 120 多种。较早的翼龙长着长嘴和尖牙，尾巴也长长的；较晚的翼龙则没有牙齿，尾巴变短。

翼龙的体形、大小各不相同。大者如翼手龙类的风神翼龙，两翼展开可达十多米。这是目前人类已知的最大的飞行动物。而小的翼龙，则如麻雀一样，比如森林翼龙。

侏罗纪

侏罗纪是显生宙中生代的第二个纪，约开始于2.05亿年前，结束于1.37亿年前。原始大陆在此时开始分裂，大西洋渐渐在裂缝间形成，非洲也开始与南美洲分开，南亚次大陆也将要移向亚洲。

侏罗纪虽然也存在热带、亚热带和温带的区别，但这时候全球各地的气候以温暖湿润为主。这样的气候使得植物繁茂，可谓密林遍布。在侏罗纪的植物群落中，苏铁类、松柏类、银杏类等裸子植物极其繁盛，木贼类、真蕨类植物在茂盛的森林中随处可见，草本的羊齿类和其他草本植物则遍布低处，覆掩地面。植物的繁盛为以植食类恐龙为代表的动物提供了大量的食物。

侏罗纪是恐龙发展的鼎盛时期。恐龙在这一时期迅速成长为地球的统治者，它们在地球的海、陆、空三大空间各得其所，热闹非凡。当时的陆地上有身体巨大的迷惑龙、梁龙、腕龙等，水中有鱼龙，空中有翼龙，它们都在这一时期大量发展和进化。

最不容易引人注目的昆虫也有所发展，超过了数千个种类，除之前已经出现的蟑螂、蜻蜓、甲虫等种类外，还有新的种类出现，蝇类和蛀虫类昆虫就是在这个时期出现的。

白垩纪

白垩纪是显生宙中生代的最后一个纪，约开始于1.37亿年前（国际上普遍采用1.45亿年前，中国也逐渐趋向于该数值），结束于6500万年前。这一时期海平面变化大，大面积的陆地被温暖的浅海覆盖，气候温暖、干旱。

白垩纪早期，陆地上的裸子植物和蕨类植物仍占统治地位。被子植物在白垩纪中期大量增加，各类被子植物竞相开花结果，繁衍后代，到白垩纪晚期，被子植物在陆生植物中居统治地位。在动物界，恐龙的新种类增加，仍占统治地位，许多小型的哺乳动物也出现在地球上。最早的蛇、蛾、蜜蜂等也出现了。

此时，整个地球上呈现一片欣欣向荣的景象。然而到了后来，爬行类动物由盛转衰，在白垩纪末期的生物大灭绝事件中，它们中的大多数都从地球上消失了，与此同时，一半以上的植物和其他陆生动物也同时消失。

化石研究表明，中生代末期恐龙的种类和数量急剧减少，至白垩纪结束时，雄霸地球长达1.6亿年的巨型爬行动物——恐龙，突然奇迹般地惨遭灭绝。进化论理论认为，物种的自然消亡是一个漫长的过程，然而一个种类和数量都十分庞大的集群却在短短几百万年的时间里突然全部消亡，这绝对是一个非同寻常的现象。

研究者们提出种种推测，试图解开恐龙灭绝之谜。他们普遍认为，在6500万年前，一颗巨大的小行星撞击地球表面，产生了巨大的能量，引起了一连串可怕的环境灾难：风暴、海啸、温室效应、酸雨、火灾等。这一系列的变化导致包括恐龙在内的许多生物都灭绝了。

第三纪

发生在白垩纪末期的大灭绝标志着中生代的结束，地球的地质历史从此进入了一个新的时代——新生代（6500 万年前至今）。新生代通常被分为第三纪（6500 万～ 260 万年前）和第四纪（260 万年前至今）两个纪，第三纪又可以分为古近纪（6500 万～ 2330 万年前）和新近纪(2330 万～ 260 万年前)。地球目前主要的地表形态、重要的山脉、海洋、大河，大多在第三纪时期开始形成。这一时期，地球上的气候变化显著，在自然条件变化的影响下，生物界也发生了变化。

在植物界，被子植物在第三纪极度繁盛，与之相比，裸子植物均趋于衰退，蕨类植物也大大减少且仅分布于温暖的地区。第三纪的植物更加接近于现在的植物。

为了适应新环境，爬行动物渐渐进化成适应环境能力较强的哺乳动物和鸟类。哺乳动物在古近纪迅速进化，在新近纪快速发展，并最终进化出最早的人类，人类的出现是这个时代最突出的事件。第三纪可以说是“哺乳动物的世界”。鸟类的种类在第三纪明显增多，在形态结构和生理功能上都出现了特化现象，逐渐形成现代的鸟类。

巨犀是人类已知的最大陆生哺乳动物，主要生活在渐新世（古近纪最后一个主要分期），在中新世（新近纪的第一时期）早期灭绝。

巨犀站起来肩部高达 5 米，体长 7 ~ 9 米，体重 15 吨。巨犀头上无角，头骨长而低，长 1 米左右，但与它庞大的身躯相比，却显得细小。巨犀的鼻骨是向下弯曲的。巨犀长着长长的脖颈，这可以让它够得着高处的枝叶。

这类动物的化石发现得较少，在我国发现过巨犀种群的化石。

第四纪

第四纪约起始于260万年前，它是新生代最后一个纪，这个时期生物界已经进化到现代的面貌。我们人类目前生活在第四纪。

在200多万年前的大冰期时期来临之时，大陆冰盖向南扩展，动植物也随之向南迁移；在间冰期期间，动物植物则向北迁移。在地层剖面中可以明显地看到喜冷和喜暖的动植物群的交替现象。第四纪大冰期在最盛时，冰川覆盖了地球总面积的32%。而现代冰川覆盖地球总面积的11%。

大冰期的来临，导致了大量生物物种的灭绝。地球上现存的各类物种，除少部分第四纪前遗存的生物，多为第四纪冰川期以来诞生和变异的新生物种。银杉、水杉、银杏、珙桐等植物，以及大熊猫、蟑螂等动物都是第四纪大冰期后的幸存者。

超级猛犸象

猛犸象大约生活在距今480万～1万年的时期，是第四纪大冰期时一种具有代表性的生物，它们是当时世界上最大的象。它们身高体壮，四条腿又粗又壮，脚上长着四个脚趾。猛犸象的嘴部长出一对弯曲的大门牙。虽然长得如此强壮，但它却只吃草和灌木的叶子。

一头成年的猛犸象，身长可达5米，体高约3米，门齿长约1.5米，体重可达6～8吨，是现在大象体重的两倍。猛犸象皮厚毛长，成年的猛犸象有9厘米厚的脂肪层，这也是它抗高寒能力强的原因所在。

猛犸象生活在亚欧大陆北部及北美洲北部的寒冷地区，在我国东北、山东、内蒙古、宁夏等地区都曾发现过它们的化石。人类的祖先和猛犸象同期进化，当时的猛犸象是人类重要的捕食对象。

人类的进化之路

1974 年，科学家们在埃塞俄比亚的阿法谷地区发现了距今 320 万年的古人类化石。一个被称为“露西”的女性类人猿，她身高仅 1.1 米，但已经能熟练地用两足行走。此后，古猿的进化历程出现了分化。一部分古猿个体逐渐粗壮，但在距今 100 万年前全部灭绝。另一部分古猿的脑容量逐渐增大，于距今 200 万年前出现了能够制造石器的“能人”。

能人很快进化成直立人，分布于欧洲和亚洲等地区。直立人已经学会用火，著名的“北京猿人”就属于直立人。

索引 | INDEX

（按拼音首字母排序）